W0398183

Honig macht die Frauen zärtlicher und die Männer feuriger

Götterspeisen

Ausgewählte Köstlichkeiten mit Honig

Verlag für die Frau · Leipzig

Tietz, Oda:
Götterspeisen : ausgew. Köstlichkeiten mit Honig
/ Oda Tietz. Jutta Hellgrewe (Ill.). – 2. Aufl.
– Leipzig : Verlag für die Frau, 1991. – 96 S.
: 27 Ill. (farb.)
ISBN 3-7304-0193-9

Herausgeber:
Verlag für die Frau, Leipzig
Erarbeitung: Oda Tietz
Typografie: Hannelore Reinhardt-Fischer, Leipzig
Illustrationen: Jutta Hellgrewe, Leipzig
© Verlag für die Frau, Leipzig 1988
Satz und Reproduktion: Offizin Andersen Nexö Leipzig GmbH
Druck und buchbinderische Verarbeitung:
Sebald Sachsendruck Druck und Verlag GmbH
Printed in Germany

INHALT

Oh, wie liebten die Götter Nektar und Ambrosia, jenen Trunk und jene Speise von umwerfender Wirkung, die ihnen ewige Jugend und Gesundheit verlieh! Leider ist man den Göttern in ihrem griechischen Götterhimmel bis heute nicht auf die „Schliche" gekommen, welche Zutaten sie dafür verwendeten. Aber sicher ist, daß Honig, dieses wohlschmeckende kräftigende Labsal, dieser Born für Schönheit, eine große Rolle dabei spielte. Und es waren die Götter und die Göttinnen in ihrem Götterhimmel auch irdischen leiblichen Genüssen nicht abhold: Man liebte erlesene Früchte wie Äpfel, Birnen, Feigen, Weintrauben, perlende Getränke, Käse- und Fleischgerichte, Desserts voller Süße und Wohlgeruch und – natürlich Fisch, Krabben, Hummer, persönlich vom Meeresgott Poseidon geliefert! Man hatte immer Appetit. Bei allen Speisen wurde mit Honig nicht gespart, den man für Tau hielt, der vom Himmel auf die Bäume und Kräuter fiel und deshalb himmlische Kräfte haben mußte.

So speiste man in weißen Gewändern an prunkvoll hergerichteter Tafel bei Flöten- und Lautenklang. Im Haar trug man Kränze von Borretschblüten, Bohnenkraut, Lorbeer, Petersilie und Rosmarin, denn diese Kräuter verliehen Freude, erweckten Begierde und herkulische Kräfte, vertrieben Melancholie, Liebeskummer und Hemmungen, beflügelten den Geist und hoben die Stimmung. (So sagte man!)

Bei besonders gut gelungenen Gerichten wurden die Götter richtig fromm und milde. Wenn Zeus dann noch die kokette Iris, die Göttin des Regenbogens, deren Kleid aus silbernen Tautropfen bestand und in allen Tönen des Firmaments glitzerte, aufforderte, Myrtenbeeren herumzureichen, begannen die Herren Götter zu schmelzen und waren nur noch gütig.

Als berauschendes Getränk bot Ganymed neben Nektar auch Honigmet an. Und während die Becher eifrig kreisten, suchten sich Eros und Ganymed Opfer aus, denen treffsicher der Pfeil ins Herz gebohrt werden sollte.

Probieren wir einmal die himmlischen Desserts von Aphrodite, der schaumgeborenen Göttin der Liebe, oder die von ihrem Geheimnis entschleierte Torte der Göttin der Morgenröte, schöpfen wir aus den Gefäßen des Ganymed – und zaubern wir uns auf diese Weise einmal unseren eigenen Götterhimmel voller Poesie und Romanze!

Aus den Gefäßen des Ganymed…

Während die Götter die Juniabende im Olymp genossen, Ganymed in kostbare Gefäße Nektar und Honigmet einschenkte, brachte Iris, auf ihrem Regenbogen schwebend, Kunde von zwei weltlichen Liebeskranken, die sie dauerten. Folgendes hatte sich zugetragen: Ein wohlgestalteter, wohlerzogener Schäfer begegnete einem jungen Mädchen, das mit einem Kräuterkörblein über die Wiesen schritt. Während sie ihm freundlich erzählte, welche Kräutlein und Gewürze sie in der Küche am liebsten verwendete, entbrannte er in heißer Liebe zu ihr. Sie hatte die schönste elfenbeinfarbene Haut und ein Profil, das jedem das Herz brechen mußte. Sie plauderten miteinander bis in die Dämmerung. Da aber mußte die Liebliche nach Hause eilen, denn sie war sehr gehorsam. Als sie in ihr Schlafgemach gelangt war, entdeckte sie, daß auch sie eine tiefe Neigung zu dem Jüngling erfaßt hatte. Sie beklagte sich, ihm nicht genügend ihre Liebe entdeckt zu haben. So waren beide traurig und wurden immer trauriger und trauriger, denn keiner wußte von des anderen Liebe.

Zeus hielt Rat mit den Göttern, wie den beiden zu helfen sei. Ganymed wurde befohlen, für die

Liebenden einen Trunk zu brauen, der sie für immer zusammenführt. Indessen durchstreifte Zeus in menschlicher Gestalt die Erde und ließ das Gerücht verbreiten, daß, wer bei Vollmond einen Krug aufstelle, einen Liebestrank erhalte, der jedes Herz zum Schmelzen bringe. In seiner Verzweiflung stellte der Schäfer, der davon erfuhr, mit begehrendem Herzen einen Krug unter eine hohe Tanne. Als er des morgens das Gefäß aufnahm, entströmte dem Krug ein verführerischer, erregender Duft. Flugs eilte er damit zu dem schönen Mägdelein. Gemeinsam kosteten sie von Ganymeds herbsüßem Labsal. Plötzlich begann es auf ihren Zungen und Lippen zu brennen wie ein teuflisches Feuer und es überkam beide eine überschäumende Lebensfreude. Sie umarmten sich inniglich und offenbarten einander zart ihre Liebe. Übers Jahr wurde Hochzeit gehalten und im Götterhimmel rühmten sich alle ob ihrer guten Tat.

Kräutermilch

1 Bund Dill, 1 Bund Borretsch oder Petersilie, 2 Bund Schnittlauch, 1 Eßl. Zitronensaft, 1 Eßl. Honig, Worcestershiresauce, $\frac{1}{4}$ l Joghurt, $\frac{3}{4}$ l Milch.

Die Kräuter fein hacken und zusammen mit Zitronensaft, Honig, Worcestershiresauce und Joghurt in einen Rührbecher geben. Milch darübergießen und mit dem Mixer verquirlen.

Blaue Milch

1 l Milch, 300 g Heidelbeeren, 2 cl Himbeergeist, 2 Eßl. Honig.

Die Milch mit den gesäuberten Heidelbeeren, Himbeergeist und Honig verquirlen.

Pfirsichblättermilch

1 l Milch, 1 Handvoll junge Pfirsichblätter, 2 Eigelb, 1 Eßl. Stärkemehl, 2 Eßl. Honig, 2 Eiweiß, Salz, Zimt.

Die Milch mit gesäuberten Pfirsichblättern aufkochen, durch ein Sieb gießen. Das Eigelb mit dem Stärkemehl und dem Honig verrühren und unter die heiße Milch ziehen. Abkühlen lassen, dabei ab und zu umrühren. Wenn die Milch abgekühlt ist, das Eiweiß mit einer Prise Salz steif schlagen.

Feuertrunk

1 l Milch, 6 Eßl. Honig, 1/8 l Rum.

Die Milch erhitzen, den Honig darin auflösen und mit Rum verrühren.

Ingwermilch

1 l Milch, 1 Stückchen Ingwer,
2 Eßl. Honig, 4 Birnen, 3 Eßl. Zucker,
4 Eßl. geschlagene Sahne.

Die Milch mit dem Ingwer und dem Honig aufkochen und abkühlen lassen. Den Ingwer entfernen. Die Birnen schälen, vom Kernhaus befreien und in Würfel schneiden. Zucker im Tiegel langsam auf kleiner Flamme schmelzen lassen, bis er goldbraun ist. Die Birnenwürfel in dem karamelisierten Zucker wenden und auf einem Teller trocknen lassen.

Die Milch in Becher verteilen, Sahne obenauf

spritzen, mit Birnenwürfeln garnieren. Anstelle der Birnenwürfel können auch Weinbeeren, Stachelbeeren oder Apfelscheiben verwendet werden.

Jünglingsmilch

5 frische, zarte Blätter vom Pfirsichbaum, 1 l Milch, etwas Honig, 1 Teel. Stärkemehl, 3 Eigelb.

Die gewaschenen Pfirsichblätter 15 Minuten in kochender Milch ziehen lassen, dann herausnehmen. Die Milch nach Geschmack süßen und mit dem im kalten Wasser verrührten Stärkemehl binden. Etwas erkalten lassen und die Eigelb unterquirlen. Das Getränk sehr kalt in Gläsern servieren.

Mandelmilch

250 g Mandeln, davon 3 bittere, etwas Honig, 1 Eßl. Zitronensaft.

Die Mandeln brühen, schälen, mahlen und mit 1 Liter heißem Wasser übergießen. Von Zeit zu Zeit umrühren und abkühlen lassen. Die Masse durch ein Tuch seihen, nach Belieben süßen und kaltstellen. Vor dem Servieren Zitronensaft und ein Stück Eis zufügen.

Holunderblütenmilch

1 Handvoll Holunderblüten, 1 l Milch, Honig, Zimt.

Die Holunderblüten von den Stengeln streifen und einige Minuten in der leicht kochenden Milch ziehen lassen. Durch ein Sieb gießen, würzen und heiß auftragen.

Quittenmilch

2 Quitten, 3 Eßl. Zitronensaft, 2 Eßl. Honig, 1 l Milch.

Vorbereitete Quittenviertel 10 Minuten garen. Abtropfen lassen und pürieren. Mit den anderen Zutaten vermischen.

Honig-Labsal

1 l Traubensaft, 3 Eßl. Honig, Saft von 2 Zitronen, 2 Eiweiß.

Traubensaft, Honig, Zitronensaft und Eiweiß mit Eis mixen und mit Selterswasser auffüllen.

Heißer Schaum

4 Eier, 1 l Bier, 4 Eßl. Honig,
1 Prise Zimt, abgeriebene Schale
von ½ Zitrone.

Die Eier mit dem Bier in einem Topf verquirlen, Honig, Zimt und Zitronenschale dazugeben und zuerst bei kräftiger, später bei milder Hitze mit dem Schneebesen bis zum Steigen erhitzen. Vom Feuer nehmen, noch 5 Minuten weiterschlagen, sofort heiß servieren.

Roter Sahne-Cocktail

½ l Rote-Bete-Saft, 4 Eßl. Honig,
4 Teel. abgeriebene Schale
von 1 gut gereinigten Zitrone,
4 Eßl. Schlagsahne,
Petersilie.

Rote-Bete-Saft mit Honig und Zitronenschale verrühren, in 4 Gläser gießen, je 1 Eßlöffel Schlagsahne daraufgeben und mit Petersilie garniert servieren.

Vitamin-Trunk

½ l Möhrensaft, ½ l Orangensaft, 2 Eigelb, Honig nach Geschmack.

Möhren- und Orangensaft vermischen und mit dem Eigelb verquirlen. Nach Geschmack mit Honig süßen.

Honig-Trauben-Sprudel

1 l Traubensaft, 4 Eßl. Honig, Saft von 1 Zitrone, 1 Eiweiß, Selterswasser.

Traubensaft, Honig, Zitronensaft und Eiweiß mixen und mit Selterswasser auffüllen.

Sündenlimonade

800 g Honig, 2 bis 3 Eßl. Bierhefe, 4 Zitronen.

Den Honig in 10 Liter Wasser aufkochen. Die Flüssigkeit in ein offenes Gefäß gießen, die Hefe zufügen und alles zwei Tage ruhen lassen. Danach – beim Beginn der Gärung – Zitronensaft unter die Flüssigkeit rühren. Das Getränk in Steingutflaschen füllen und diese fest verschließen. Nach 8 bis 14 Tagen kann die erfrischende, stark moussierende Limonade gut gekühlt getrunken werden.

Orangen-Cocktail

4 Orangen, 4 Eigelb, 150 g Honig, 1/8 l Sahne.

Den Saft der Orangen mit Eigelb, Honig und Sahne schaumig rühren, in Gläser füllen und mit Strohhalm servieren.

Honiggrog

4 Eßl. Honig, 2 Zitronenscheiben, 4 Glas Weinbrand.

Den Honig auf 4 Gläser heißes Wasser verteilen, jeweils eine halbe Zitronenscheibe und 1 Glas erwärmten Weinbrand zufügen.

Süßer Rausch

2 kg Honig, 1 kg Zucker, Saft von 6 Zitronen.

Den Honig aufkochen. Zucker, Zitronensaft zugeben und alles gut vermengen. Nach dem

Erkalten 8 Liter Wasser zugießen und gut umrühren. Die Flüssigkeit in ein Fäßchen füllen, dasselbe verspunden und in den Keller stellen. Nach 14 Tagen das Getränk in Flaschen geben und gut verkorkt einige Wochen lagern.

Lustsorbet

2 kg Äpfel, 3 Zitronen, 125 g Honig,
1 Flasche Sekt.

Die Äpfel vom Kernhaus befreien und mit der Schale in feine Scheiben schneiden. 3 Liter Wasser, Zitronensaft und flüssigen Honig daraufgeben und 12 Stunden zugedeckt stehen lassen. Dann alles durch ein Tuch seihen, das Apfelwasser in eine Bowle füllen, auf Eis stellen und kurz vor dem Anrichten eine Flasche Sekt zugießen.

Süße Verführung

400 g Erdbeeren, 750 g Ananas, 3 Eßl. Honig, 10 Blättchen Zitronenmelisse, 2 Flaschen Weißwein, 2 Flaschen Sekt.

Die vorbereiteten Erdbeeren in ein Bowlengefäß legen. Die Ananas in Stücke schneiden und mit der Zitronenmelisse zu den Erdbeeren geben. Flüssigen Honig darübergießen und dann alles mit gut gekühltem Weißwein auffüllen. Die Bowle zudecken und einige Stunden kühlstellen. Vor dem Servieren eisgekühlten Sekt darübergießen.

Lebensquell

20 Pfefferminzblättchen, 100 g Honig, 3 Glas Wodka, 2 Flaschen Weißwein, 1 Flasche Sekt.

Die Pfefferminzblättchen feinhacken und mit Honig und Wodka in einem zugedeckten Gefäß etwa 1 Stunde ziehen lassen, durchseihen. Den Wein zugießen, durchziehen lassen und dann mit Sekt auffüllen. Anstelle von Sekt kann auch Selterswasser verwendet werden.

Melonenfreude

*1 Melone, 250 g flüssiger Honig,
2 Zitronen, 2 Flaschen Weißwein,
250 g kleine Biskuits.*

Das Fruchtfleisch in Würfel schneiden, Honig und Zitronensaft darübergeben und mehrere Stunden durchziehen lassen. Gut gekühlten Weißwein darübergießen, die Biskuits darauf verteilen und sofort servieren.

Sommernachtstrunk

*1 Melone, 200 g Honig, geriebener
Ingwer, 2 Flaschen Weißwein,
1 Flasche Sekt.*

Das Fruchtfleisch der Melone in kleine Würfel schneiden, Honig und Ingwer darübergeben und soviel Weißwein dazugießen, bis alles bedeckt ist. Alles zugedeckt etwa 1 Stunde kühlstellen. Vor dem Servieren die restlichen Zutaten dazugeben.

Lieb' entfachen
Eros' Vorspeisen…

Eros, dem Schelm, kitzelte der Gaumen nach einem köstlichen Salat. Der pfiffige, pausbäkkige Bursche wußte, wo die Zusammenstellung am edelsten und liebreizendsten war, wo die nahrhaftesten und schmackhaftesten Ingredenzien zu einer einmaligen Köstlichkeit, zu einer Liebkosung der Zunge wurden: da, wo Irma die Küche regierte. Dergleichen Genüßliches kannte man im Götterhimmel nicht und mußte es erobern. Er gab sich das Aussehen eines Handwerksburschen, um eingelassen zu werden. Einschmeichelnd lobte der Vernaschte die märchenhaften Düfte, die die Küche durchströmten. Irma, die das freundlichste Mondgesicht hatte und eine Figur, die bei den Ohren begann und dann in üppigen Ausbuchtungen herabquoll, hatte Mitleid mit dem Hungrigen. Sie tat ihm auf von den besten Salaten, die jemals über Eros' Lippen geglitten waren. Für wen bereitete Irma diese herrlichen Schöpfungen, wollte Eros wissen. Verlegen gestand sie ihm ihre heimliche Liebe zu einem Hagestolz, dessen Haushalt sie führte, der aber nur sich selbst und allenfalls noch ihre Kochkünste liebte. Eros beschloß, der braven Irma zu helfen. Mit gespitztem Pfeil wollte er in dem Hagestolz schon Liebesglut entfachen ... Irma kam aus dem Staunen gar nicht heraus, als ihre „stille Liebe“ plötzlich nach dem Genuß eines scharfen Salats ihre liebliche! Erscheinung, ihr selbstloses und freundliches Wesen rühmte. Auf einmal verstand er es, einen unfreundlichen Tag freundlich zu machen. Verwundert bemerkte sie, daß er nach ihrer Liebe lechzte. Kurz: Er schwebte auf rosa Wolken und hielt um ihre Hand an. Fortan fabrizierten sie gemeinsam die köstlichsten Gerichte. Wenn Eros, vom Olymp kommend, in der Gegend weilte, wurde er unweigerlich von den erregenden Küchengerüchen zum Halten gezwungen. Ach wie gern ließ er sich von der verführerischen, aromatischen Macht des Dufts umhüllen!

Eros' Kaviar

500 g Auberginen, 1 grüne und 1 rote Paprikaschote, 2 Zwiebeln, 3 Eßl. Öl, 4 Knoblauchzehen, 6 Stengel Basilikum, 2 Stengel Pfefferminze, Salz, 2 Eßl. Zitronensaft, 1 Teel. Honig, Pfeffer, einige Salbeiblätter, 1 Stengel Liebstöckel oder Petersilie.

Die Auberginen mehrmals einstechen, damit sie beim Backen nicht platzen. Zusammen mit den Paprikaschoten im vorgeheizten Backofen etwa 45 Minuten backen, bis die Haut der Paprikaschoten an einigen Stellen Blasen wirft. Auberginen und Paprikaschoten in ein feuchtes Tuch wickeln und 5 Minuten ruhen lassen. Die Paprikaschoten häuten, die Auberginen halbieren und das Fruchtfleisch mit einem Löffel aus den Schalen heben. Die Auberginen etwas ausdrücken. Dann zusammen mit den Paprikaschoten pürieren. Die Zwiebeln schälen, fein hacken und in etwas Öl glasig braten. Knoblauchzehen schälen und halbieren, mit Basilikum, Pfefferminze und Salz in einem Mörser fein zerdrücken. Nach und nach das Auberginen-Paprika-Püree und das restliche Öl dazugeben. Mit Zitronensaft, Pfeffer, Honig und etwas Salz abschmecken. Salat- und Liebstökkel- oder Petersilienblätter abspülen und trokkentupfen. Eine Schale mit Salat auskleiden und die Auberginenmasse hineinfüllen. Mit Liebstöckel- oder Petersilienblättern garnieren.

Liebessalat

4 Bund Radieschen, Salz, 3 Eßl. Essig, 1 Teel. Honig, 4 Eßl. Öl.

Die gewaschenen Radieschen in feine Scheiben schneiden. In einer Schüssel mit etwas Salz mischen und 10 Minuten ziehen lassen. Die Flüssigkeit abgießen und auffangen. Essig mit Honig verrühren, das Öl und Radieschenwasser zufügen. Diese Soße über die Radieschen geben und alles gut vermischen. 10 Minuten ziehen lassen und auf Kopfsalat anrichten.

Gefühls-Salat

400 g Sellerie, ½ Zitrone, Salz, 50 g Honig, 1 Eßl. Öl.

Die Sellerieknolle mit der Schale kochen, herausnehmen und schnell abschälen. Dann in

Scheiben schneiden und noch warm mit Zitronensaft, wenig Salz, Honig und Öl marinieren.

Scharfer Salat mit Röschen

400 g Rettich, Salz, 2 Äpfel,
2 Eßl. Zitronensaft, $^1/_4$ l saure Sahne,
1 Teel. Honig, je 1 Eßl. gehackte Petersilie
und Schnittlauchröllchen, 4 Radieschen.

Den Rettich schälen und grob raffeln, mit etwas Salz vermischen und 10 Minuten ziehen lassen. Die Äpfel schälen, in Viertel schneiden, entkernen und ebenfalls raffeln. Sofort mit Zitronensaft mischen. Die saure Sahne mit 2 Teelöffel Rettichwasser schaumig schlagen und mit Honig abschmecken. Danach mit Petersilie und Schnittlauch mischen. Die Radieschen waschen, abtrocknen und zu Röschen schneiden. Den Rettich gut ausdrücken, mit den Äpfeln mischen, in eine Schüssel geben, mit der Soße übergießen und mit Radieschen garnieren.

Porreesalat

400 g Porree, 20 g Butter,
2 Eßl. Weißwein, 1 Eßl. Honig,
2 Eßl. Fleischbrühe, $\frac{1}{8}$ l Sahne,
2 Eßl. Zitronensaft, 1 Prise Salz,
etwas Pfeffer.

Den Porree in etwa 3 mm dicke Ringe schneiden, in reichlich Wasser gründlich waschen und sehr gut abtropfen lassen. Die Butter in einer Pfanne erhitzen, den Porree hineingeben und unter häufigem Wenden glasig werden lassen. Mit Weißwein, Honig und Fleischbrühe vermischen und einmal kurz aufkochen lassen. Den Porree in eine Schale geben und abkühlen lassen. Die Sahne halbsteif schlagen, würzen. Dann über den Porree gießen.

Rote-Bete-Salat mit Nüssen

Saft von 1 Zitrone, 2 Eßl. Honig, Salz,
Pfeffer, 250 g rote Bete, 70 g Meerrettich,
50 g Haselnüsse, $\frac{1}{4}$ l saure Sahne.

Zitronensaft, Honig, Salz und Pfeffer verrühren. Rote Bete und Meerrettich schälen. Rote Bete fein raspeln, Meerrettich fein reiben. Sofort mit der Marinade vermischen. Nüsse grob schneiden und kurz vor dem Servieren unter den Salat mischen. Danach die saure Sahne je nach gewünschter Menge über die aufgefüllte Salatportion gießen.

Bohnensalat

500 g grüne Bohnen, 50 g gehackte Zwiebeln, 1/2 Zitrone, Salz, 1 Eßl. Öl, 30 g Honig.

Die jungen Bohnen mit wenig Wasser weichkochen. Mit feingehackter Zwiebel, Zitronensaft, einer Prise Salz und Öl vermengen. Mit Honig süßen. Gut gekühlt auf Salattellern anrichten und sofort auftragen.

Endiviensalat

400 g Endivien, 2 Eßl. Honig, Saft von 1 Zitrone, 2 Eßl. Öl.

Die vorbereiteten Endivien gut waschen, längs in zwei Teile schneiden und in eine Schüssel geben. Honig und Zitronensaft vermischen, das Öl darunterrühren, abschmecken und über die Endivien gießen. Sofort servieren.

Gurken- und Kopfsalat

1 grüne Gurke, 1 Kopf Salat, 2 Eigelb, ½ Zitrone, 30 g Honig, 1 Teel. Öl, 1 Prise Salz.

Die Gurke mit der Schale ganz dünn hobeln, den Salat in große Streifen schneiden und beides mit einer Tunke aus Eigelb, Zitronensaft, Honig, Öl und Salz vermengen.

Löwenzahn-Cocktail

150 g sehr zarte Löwenzahnblätter, 1 hartgekochtes Ei, 1 Zwiebel, gehackter Dill, 100 g Joghurt, 1 Eßl. Öl, Salz, Pfeffer, etwas Honig, Zitronenecken.

Die Löwenzahnblätter putzen, sorgfältig waschen, die Stengel herausschneiden. Die Blätter in feine Streifen schneiden. Hartgekochtes Ei und Zwiebel feinhacken und mit dem Dill unter den geschnittenen Löwenzahn mischen. Sofort in Cocktailgläser füllen. Aus Joghurt, Öl, Gewürzen und Honig eine Marinade bereiten und über den Salat gießen. Zitronenecken an das Glas stecken. Nach Belieben Olivenscheiben auf den Cocktail geben.

Tomatensalat

500 g Tomaten, ½ Zitrone,
1 Eßl. Honig, 1 Eßl. Öl, Salz,
1 Zwiebel, Petersilie.

Gewaschene, feste Tomaten in Scheiben schneiden, mit Zitronensaft, Honig, Öl, Salz, gehackter Zwiebel und Petersilie marinieren.

Maissalat mit Krabben

2 Tomaten, 1 Zwiebel, 200 g Maiskörner (Konserve), 100 g Krabben (Konserve), gehackte Kräuter, 2 Eßl. Öl, Zitronensaft, Salz, 2 Eßl. Honig, etwas geriebener Salbei.

Die überbrühten Tomaten häuten, halbieren, entkernen und in Streifen schneiden. Die Zwiebeln schälen und feinhacken. Beides mit Maiskörnern, Krabben und Kräutern vermischen. Mit Öl, Salz, Zitronensaft, Honig und Salbei marinieren.

Tomaten mit Gurkensalat

8 Tomaten, 1 bis 2 Gurken (300 g), 2 Eigelb, 1 Eßl. Öl, 1 Eßl. Honig, ½ Zitrone, Salz, gehackte junge Sellerieblätter.

Reife, gewaschene Tomaten aushöhlen, indem eine Scheibe als Deckel abgeschnitten wird. Junge, zarte Salatgurken fein raspeln, mit der Schale, Eigelb, Öl, Honig, Zitronensaft und wenig Salz zu einer Tunke verrühren, die geraspelten Gurken darin marinieren, Sellerieblätter zufügen und die Tomaten damit füllen. ½ Stunde durchziehen lassen.

Chicorée mit Tomaten

300 g Chicorée, ½ Zitrone, 2 Eßl. Mayonnaise, 1 Prise Salz, 2 Eßl. Honig, 3 Tomaten.

Von dem gewaschenen Chicorée die äußeren Blätter entfernen, dann grobe Scheiben schneiden und mit Zitrone und Mayonnaise marinieren. Mit wenig Salz und Honig abschmecken. Tomaten mit der Schale halbieren und in dünne Streifen schneiden, unter den Chicorée mengen.

Grapefruit-Möhren-Salat

2 Grapefruits, 500 g Möhren, 2 Äpfel,
2 Eßl. Honig, Saft von 1 Zitrone,
etwas Pfeffer und Salz.

Grapefruits dick abschälen und filetieren. Geschälte Möhren in Späne raffeln, geschälte und entkernte Äpfel in Streifen schneiden, alles vermischen. Honig und Zitronensaft, Salz und Pfeffer verrühren und den Salat damit anrichten. Nach Belieben einen Hauch Ingwer darüberstäuben und Sahnehäubchen aufsetzen.

Lebercocktail

200 g gebratene, fein passierte Leber,
$^{3}/_{4}$ l Rotwein, 3 Eigelb, 1 Zitrone,
2 Eßl. Honig.

Die Leber mit Rotwein, Eigelb, Zitronensaft und dem Honig vermischen.
Anstelle von Rotwein kann auch Weißwein oder Tokayer verwendet werden.

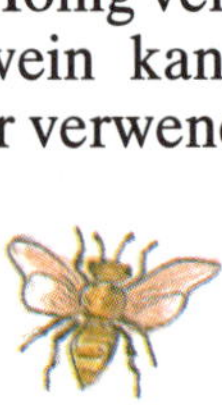

Prinzeßschoten

300 g Schoten (ausgepalt), 75 g Butter, 1 Prise Salz, 1 Eßl. Honig.

Kleine, ausgepalte Schoten in wenig Wasser kochen, durch ein Sieb passieren, mit Butter, Salz und Honig abschmecken und sofort auftragen. Dazu Toast reichen.

Salatrollen

3 Tomaten, 100 g Schoten (ausgepalt), ½ Zitrone, 2 Eßl. Mayonnaise, etwas Kerbel und Dill, 10 Salatblätter, 1 Eßl. Orangensaft, 2 Eßl. Öl, gehackte Petersilie, 100 g Ananas, 10 gehackte Mandeln, 1 Eßl. Honig.

In Würfel geschnittene Tomaten und junge Schoten mit Zitronensaft, Mayonnaise, etwas Kerbel und Dill marinieren. Die Salatblätter damit füllen, zusammenrollen und mit einer Mischung aus Orangensaft, Öl und Petersilie beträufeln. In dünne Streifen geschnittene Ananas mit Mandeln und Honig mischen und die Salatrollen damit garnieren. Gut gekühlt auf Portionsschälchen anrichten.

Gebratene Selleriescheiben

*1 oder 2 Sellerie (600 g), 1 Zitrone,
2 Eßl. Honig, 2 Eßl. Mehl,
3 Eßl. Semmelbrösel, Butter.*

In Salzwasser gekochte Sellerieknollen schälen und in Scheiben schneiden. Mit Zitronensaft und Honig bestreichen, in Mehl und Semmelbröseln wälzen und in Butter braten.

Panierte Möhren

*30 g Butter, 3 Eßl. Mehl, ¼ l Milch,
2 Eier, 1 Eßl. Honig,
500 g gekochte, gare Möhrenscheiben.*

Butter, Mehl und Milch verrühren und aufkochen. Wenn die Masse abgekühlt ist, Eigelb, Honig und Eischnee unterrühren, die Möhrenscheiben hineintauchen und in Fett ausbacken.

Honigmöhren

*750 g Möhren, Salz, etwas Margarine,
2 Eßl. Honig, 125 g Reibekäse.*

Die Möhren in Scheiben schneiden und in ⅛ Liter Salzwasser bei schwacher Hitze in geschlossenem Topf garen. Eine feuerfeste Form ausfetten, die abgetropften Möhren hineinschneiden und mit Honig beträufeln. Den Käse darüberstreuen und 10 Minuten im gut vorgeheizten Ofen überbacken.

Käse-Fondue

1 Knoblauchzehe, 600 g Schnittkäse, (Emmentaler), 1/4 l Weißwein, 1 Teel. Zitronensaft, 1 Eßl. Honig, 4 Teel. Stärkemehl, 1 Gläschen Kirschwasser, weißer Pfeffer, 1 Prise geriebene Muskatnuß.

Die Knoblauchzehe schälen und den Fonduetopf damit ausreiben. Den Käse raspeln, mischen und in den Topf geben. Den Wein, Zitronensaft und Honig mit dem Stärkemehl verquirlen, unter den Käse rühren und unter ständigem Rühren aufkochen lassen. Damit der Käse keine Fäden zieht, in Form einer Acht rühren. Das Kirschwasser zufügen, würzen und den Topf auf das Rechaud setzen. In Würfel geschnittenes Weißbrot dazu reichen.

Geheime Kräfte bergen die Jagdbeuten der Artemis...

Auch im Götterhimmel war trotz Sonnenschein nicht immer eitel Sonnenschein. Die göttliche Hera ahnte, ihr Gatte, Zeus, würde heute wieder auf Abwege gehen... Wenn er schon begann, wie ein verrücktgewordener Täuberich Paarungstänze aufzuführen..., und dieses Kopfnicken und Gurren! Dabei wurde ihr, Hera, gerade heute von vielen Seiten bekundet, wie eindrucksvoll ihre schöne Gestalt sei, ihr Haar wie Bernstein leuchte, wie melodisch ihre Stimme klinge und wie herrlich sie nach dem lieblichsten Blütenhonig dufte. Jeder ihrer Schritte war sicher und berechnet, jede Drehung nur darauf bedacht, sich vorteilhaft zu zeigen. Alle waren ihr hold, nur dieser „Seitenspringer" sah sie mal wieder nicht... Aber Hera war auch listig – und eine entzückende Köchin, eigentlich das häuslichste Geschöpf, das man sich denken kann. Sie befahl Artemis, auf die Jagd zu gehen und ihr das auserlesenste Geflügel zu bringen.

Heras Kochkunst-Phantasie war grenzenlos. Nicht lange, da strömten die köstlichsten Bratendüfte durch die Lüfte. Eilige Schritte nahten plötzlich und Zeus erschien, seine Gestalt war beträchtlich – weißgewandet, braungebrannt, muskulös und schön. (Er war wohl beim Paarungstanz ob der Düfte aus dem Takt geraten.) Hera nahm ihn in ihre Arme, weich und zärtlich, und küßte ihn, geleitete ihn zur Tafel und sie speisten Fasan und wahre Putenträume und gefüllte Weinblätter – und waren für diesen Tag sehr glücklich.

Anstachelnder Fasan

1 Fasan, 2 Eßl. Honig, 30 g Speck,
60 g Fett, 1 kleine Zwiebel,
1 Knoblauchzehe, 3 Pfefferkörner,
2 Gewürzkörner, ½ Lorbeerblatt, Salz.

Den vorbereiteten Fasan mit Honig bestreichen, Flügel und Füße an den Körper binden, damit das Fleisch beim Braten nicht austrocknet. In der Pfanne Speckwürfel und Fett zerlassen, Zwiebelscheiben, feingeschnittene Knoblauchzehe und Gewürze zugeben, den Fasan darauflegen, mit etwas Wasser übergießen und in der Röhre braten. Von Zeit zu Zeit mit Bratensaft übergießen.

Gefüllte Weinblätter

12 zarte, frische Weinblätter,
500 g Putenbrust, 1 Zwiebel,
50 g Weißbrot ohne Rinde, 2 Eier, Salz,
Pfeffer, 2 Eßl. Zitronensaft,
2 Eßl. Honig, Joghurt.

Die Weinblätter in kochendem Wasser etwa 1 Minute lang blanchieren, dann abtropfen lassen. Für die Füllung Putenfleisch, gehackte

Zwiebel, eingeweichtes Brot und Eier vermischen. Mit Salz und Pfeffer würzen und gut durcharbeiten. Auf jedes Weinblatt etwas Füllung geben und zu einem Päckchen aufrollen. Die Butter zerlassen. Die gefüllten Weinblätter dicht nebeneinander hineinlegen, Zitronensaft und flüssigen Honig zufügen und bei sehr schwacher Hitze garen. Von Zeit zu Zeit etwas heißes Wasser zugießen. 10 Minuten vor dem Servieren unter dem Grill kurz bräunen. Danach die gefüllten Weinblätter sehr heiß mit Joghurt servieren.

Putentraum

400 g Putenbrust, 100 g Gänseleber,
3 Eigelb, 1 Eßl. Honig, 60 g Butter,
1/8 l Sahne.

Die Putenbrust dünn klopfen, Gänselebermus und Eigelb verrühren und als Füllung für die Putenbrust verwenden. Die Putenbrust zusammenrollen und mit einem Faden binden. Mit Honig bestreichen und in Butter braten. Wenig Wasser zugeben. Den Bratenfond mit Sahne und Zitronensaft ablöschen und etwas einkochen lassen.

Tauben nach Götter-Art

4 Tauben, Salz, 4 große Weinblätter, 200 g geräucherter Speck in Scheiben, 50 g Butter, Gewürzmischung aus Honig, Pfeffer, Thymian, Basilikum und Wacholderbeeren, etwas Weißwein.

Die vorbereiteten Tauben dressieren und innen und außen leicht salzen. Auf jede Taube je 1 Weinblatt legen, mit dünnen Speckscheiben umwickeln und am Spieß braten. Dabei öfter mit Butter bestreichen und den abtropfenden Sud über die Tauben geben. Zuletzt den Bratfond mit der Gewürzmischung und einem Schuß Weißwein abschmecken.

Wachteln in Weinlaub

4 Wachteln, etwas Honig, Salz, Pfeffer, 50 g Speck, 50 g Fett, Weinlaub.

Ganz junge Wachteln putzen, sparsam mit Honig einreiben, würzen, dressieren und zuerst in Weinlaub, dann in eine dünne Speckscheibe wickeln und festbinden. In heißem Fett braten. Kurz vor dem Bräunen den Speck abnehmen, in Würfel schneiden und auf Brotscheiben verteilen. Darüber je eine halbe Wachtel legen und die Soße darübergießen. Dazu geschmorte Äpfel – mit Johannisbeermarmelade gefüllt – reichen. Das Weinlaub kleinschneiden und als Garnierung dazulegen.

Zarte Brüstchen

1200 g Hähnchenbrüste, Salz,
Zitronensaft, 80 g Mehl, 3 Eier,
120 g Semmelbrösel, 60 g Öl, 50 g Butter.

Die Hähnchenbrüste von den Knochen lösen und mit Honig bestreichen, leicht salzen, mit Zitronensaft beträufeln. Danach in Mehl, Ei und Semmelbröseln panieren. Anschließend in heißem Öl braten. Zuletzt in Butter nachbraten. Mit frischem Salat servieren.

Rebhuhnbrüstchen

2 bis 3 junge Rebhühner, Speck, Pilze,
1 Zitrone, Petersilie, Salz, 2 Eßl. Honig,
Muskat, 1 Orange, Erdnüsse.

Von saftig gebratenen jungen Rebhühnern die Brüstchen auslösen und warm stellen. Aus den Rebhuhnkeulen, den Flügelspitzen, der Leber, dem weichgekochten Magen und etwas gebratenem Speck sowie ein paar Pilzen, ein wenig geriebener Zitronenschale und Petersilie eine gewiegte Farce herstellen, die mit Salz, Honig und etwas Muskat abgeschmeckt wird. Diese Masse auf eine Scheibe Brot streichen und je ein Brüstchen darauflegen. Mit Orangenscheiben und gehackten Erdnüssen verzieren.

Rebhuhn

2 Rebhühner, 30 g Speck, frische, zarte Weinblätter, 60 g Fett, 2 Zwiebeln, 4 Pfefferkörner, 4 Gewürzkörner, 1 Prise Thymian, etwas Selleriekraut, 40 g Mehl, 1/4 l saure Sahne, 1 Eßl. Honig, 2 Eßl. Zitronensaft.

Die vorbereiteten Rebhühner ausnehmen, mit einigen Speckstreifen durchziehen, in Weinblätter wickeln und mit einem Faden zusammenbinden. In dem restlichen Speck und dem Fett feingehackte Zwiebeln glasig dünsten, Gewürze zugeben, die Rebhühner darauflegen, Wasser zugeben und das Fleisch garschmoren. Faden und Blätter entfernen, die Rebhühner in zwei Hälften teilen, größere Knochen auslösen und das Fleisch warm stellen. Den eingedampften Bratensaft mit Mehl anschwitzen, mit der Sahne verdünnen, gut verrühren und aufkochen. Die Soße mit Honig und Zitronensaft gut abschmecken, kurz erwärmen und danach durchseihen.

Honig-Ente

1 Ente (etwa 2 kg), Salz,
2 zerdrückte Knoblauchzehen,
2 feingehackte Zwiebeln,
3 Eßl. Sojasauce, 3 Eßl. Sherry,
2 Eßl. Honig.

Die Ente mit einem feuchten Tuch abreiben. Innen und außen mit wenig Salz einreiben. Knoblauch, Zwiebeln und Sojasauce vermischen und Sherry zufügen. Die Menge halbieren. Den Honig mit der einen Hälfte vermischen, die Entenhaut damit einreiben, ein paar Minuten stehen lassen, bis die Haut trokken ist, dann den Vorgang wiederholen. Den Rest der Honigmischung beiseite stellen. Er wird später mit etwas kochendem Wasser verrührt und zum Bestreichen der Ente verwendet. Die zweite Hälfte der Sojamischung in die

Bauchhöhle der Ente geben. Die Ente etwa 2 Stunden in der Röhre braten, während dieser Zeit alle 15 Minuten mit der restlichen Honigmischung bestreichen.

Ente mit Feigen

24 getrocknete Feigen, ½ l Portwein,
Ente (etwa 2,5 kg), 40 g Butter,
½ l Brühe.

In einer Porzellanschüssel mit gut schließendem Deckel die Feigen in Portwein 36 Stunden einweichen. Die Ente in Butter bräunen. Nach 15 Minuten mit dem Portwein, in dem die Feigen eingeweicht wurden, beträufeln. In den folgenden 30 Minuten häufig begießen, bis der Wein verbraucht ist. Die Feigen um die Ente herum anordnen, die Brühe zugießen und alles noch 45 Minuten schmoren, dabei häufig begießen. Die Ente auf einer vorgewärmten Platte anrichten, mit den Feigen umlegen und mit der entfetteten Schmorflüssigkeit umgießen.

Geschmortes Hähnchen

1 Hähnchen (1,5 kg), 1 Knoblauchzehe, 30 g Schweineschmalz, 125 g Speckwürfel, 125 g Champignons, Salz, Pfeffer, 12 kleine Zwiebeln, 1 Eßl. Honig, 30 g Butter, 2 gekochte Kartoffeln, gehackte Petersilie.

In die Bauchhöhle des Hähnchens den Knoblauch geben, mit dem Schmalz in vorgeheizter Röhre etwa 30 Minuten braten, bis das Hähnchen auf allen Seiten braun ist. Das Fett abgießen und beiseite stellen. Mit 3 Eßlöffeln Wasser die braune Kruste an der Topfwand loskochen. Inzwischen den Speck goldbraun braten und dann beiseite stellen. Die gereinigten Champignons in dem restlichen Fett garen und mit Salz und Pfeffer würzen. Die Zwiebeln mit 2 Eßlöffel Wasser, dem Honig und etwas Butter so lange garen, bis das Wasser verdampft ist. Speck, Champignons und Zwiebeln zu dem Hähnchen geben und alles 30 Minuten schmoren lassen. Die Kartoffeln in Würfel schneiden, in der restlichen Butter braun braten und auf die anderen Gemüse geben. Mit Petersilie bestreuen.

Wildente

*1 Wildente, Salz, 2 Zwiebeln, 80 g Fett,
3 Pfefferkörner, 30 Gewürzkörner,
2 Wacholderbeeren, 1 Lorbeerblatt,
1 Eßl. Zitronensaft, 30 g Mehl,
$^1/_8$ l Weißwein, $^1/_4$ l saure Sahne,
1 Eßl. Honig.*

Die vorbereitete Wildente in Portionen teilen und salzen. Feingeschnittene Zwiebeln in Fett rösten, Gewürze auf das Entenfleisch legen, alles mit etwas heißem Wasser übergießen und garschmoren. Das Fleisch herausnehmen, den Bratensaft eindampfen, mit Mehl anschwitzen, Wein und wenig Wasser zugeben. Die Soße durchseihen, Sahne unterrühren und mit Honig und Zitronensaft abschmecken.

Wildschweinschnitzel

*750 g Wildschweinkeule, Beize, Salz,
Pfeffer, Speck, Mehl, Fett,
2 Eßl. Tomatenmark, $^1/_2$ Tasse saure
Sahne, Honig.*

Von der vorgebeizten Wildschweinkeule gleichmäßige Schnitzel schneiden, mit Salz und Pfeffer würzen, spicken, in Mehl wenden und in heißem Fett goldbraun braten. Den Bratensatz mit Tomatenmark, saurer Sahne, etwas Beize und etwas Honig würzig abschmecken. Die Schnitzel mit gebratenen Apfelscheiben und Preiselbeeren servieren.

Schweinefilet mit Trauben und Mandeln

250 g Weinbeeren, 100 g Mandeln,
600 g Schweinefilet, Pfeffer, Salz,
1 Eßl. Honig, 2 Eßl. Öl, 10 g Butter,
¼ l Fleischbrühe, 1 Eßl. Zitronensaft,
etwas frische Zitronenmelisse.

Die Trauben waschen und gut abtropfen lassen. Die Mandeln brühen, abschrecken und häuten. Das Filet mit Pfeffer und Salz kräftig würzen, mit Honig bestreichen und in heißem Öl von allen Seiten braun anbraten. Die Butter in den Topf geben und das Fleisch noch von jeder Seite 4 Minuten braten. Das Fleisch aus der Pfanne nehmen und in Alufolie wickeln. Warm stellen. Mit heißer Brühe den Bratensatz ablöschen. 10 Minuten sprudelnd kochen lassen. Die Soße mit Zitronensaft, Salz und Pfeffer abschmecken. Trauben und Mandeln in die Soße geben und heiß werden lassen. Das Fleisch aufschneiden und in der Soße anrichten. Zitronenmelisse fein hacken und darüberstreuen. Dazu Reis, der mit zerlassener Butter und Zitronensaft abgeschmeckt ist, reichen.

Rehkeule

1 kg Rehkeule, 50 g Speck, Salz,
1 Zwiebel, 150 g Wurzelwerk, 80 g Fett,
4 Pfefferkörner, 2 Gewürzkörner,
2 Wacholderbeeren, 1 Lorbeerblatt,
50 g Mehl, Knochenbrühe, $\frac{1}{4}$ l saure
Sahne, 2 Eßl. Zitronensaft,
3 Teel. Honig, etwas Essig.

Das vorbereitete Fleisch mit Speckstreifen durchziehen und salzen. Die kleingeschnittene Zwiebel und in Scheiben geschnittenes Wurzelwerk in Fett rösten. Das Fleisch darauflegen, anbraten, etwas Wasser und Gewürze zufügen. In der Röhre braten und von Zeit zu Zeit mit Bratsaft begießen. Das gare Fleisch herausnehmen, den Bratsaft mit Mehl anschwitzen, mit Brühe und Sahne verrühren und aufkochen. Die Soße durch ein Sieb streichen, mit Zitronensaft, Honig und Essig abschmecken.

Rehgulasch

500 g Rehfleisch, 100 g Speck, 250 g Zwiebeln, Salz, Pfeffer, 2 Eßl. Honig, 3 Eßl. Sahne, etwas Zitronensaft.

Das Fleisch häuten und in Stücke schneiden. Die Speckwürfel glasig anschwitzen. Die kleingeschnittenen Zwiebeln darin goldgelb dünsten. Das Rehfleisch drauflegen und etwa 30 Minuten braten. Nach Bedarf etwas Wasser angießen, würzen, Honig und Sahne zufügen und mit Zitronensaft abschmecken.

Hirschkeule in Sauerkirschsoße

1 kg Hirschkeule, Beize, Speck, 1 Zwiebel, Knoblauch, Butter, Wurzelwerk, Pfeffer, 3 Wacholderbeeren, Sahne, 1 Tasse Sauerkirschen, 2 Eßl. Honig, Rotwein.

Die genügend lange gebeizte Keule abtrocknen, häuten und mit Speck spicken. Speckwürfel erhitzen, geschnittene Zwiebel, Knoblauch, Butter, kleingeschnittenes Wurzelwerk, Pfeffer und Wacholderbeeren sowie das Fleisch zufügen. Das Wildbret unter 2 bis 3maligem Wenden leicht anbräunen, mit Wasser und Rotwein aufgießen. Die Pfanne wird zuerst zugedeckt, dann ohne Deckel braun braten. Sobald das Fleisch gar ist, Scheiben schneiden und die mit etwas Sahne, Honig und entsteinten gehackten Sauerkirschen vermischte Soße darübergeben.

Lende am Spieß

1 Rindslende, 200 g Speck, 100 g Honig, 200 g Butter, Salz, Pfeffer.

Die Rindslende mit Speck spicken, mit Honig und Butter bestreichen, auf einen Spieß stekken und über dem Feuer drehen. Mit Salz bestreuen und unter Drehen und häufigem Begießen mit Butter eine Stunde braten. Den Bratensaft in einer untergestellten Pfanne auffangen und nochmals aufgekocht, mit Salz und Pfeffer gewürzt, als Soße auftragen.

Ananas-Steaks

1 frische Ananas, 2 Knoblauchzehen, 1 Teel. gemahlener Koriander, 1 Prise Chillipfeffer, 2 Teel. Honig, 4 Filetsteaks (à 150 g), 4 Eßl. Öl, 40 g Butter, Salz, Pfeffer, 2 Eßl. Schlagsahne.

Blattschopf und Stielende der Ananas abschneiden, die Frucht längs in Viertel schneiden, den weißlichen Strunk entfernen und das Fruchtfleisch jeweils mit einem scharfen Messer im Ganzen von der Schale lösen. Die Hälfte des Fruchtfleisches im Mixer pürieren. Das restliche Fruchtfleisch in dünne Längsschnitze schneiden, Knoblauchzehen schälen, zerdrükken und zum Fruchtmus geben. Dem Mus Koriander, Chillipfeffer und Honig zufügen, über die Filetsteaks geben und zugedeckt über Nacht im Kühlschrank marinieren lassen. Die Steaks aus der Marinade nehmen, trockentupfen, mit Öl bepinseln und auf den heißen Grillrost legen. Die fertigen Steaks mit Salz und Pfeffer würzen. Auch die Ananasschnitze auf beiden Seiten kurz grillen und mit den Steaks servieren. Marinade aufkochen, mit Schlagsahne abrunden und über die Steaks geben.

Die eßbaren Gedichte der liebreizenden Aphrodite…

Die liebreizende Aphrodite war zutiefst erzürnt. Ihr Sohn Eros liebte eine Sterbliche mit Namen Psyche. Psyche wurde befohlen, eine Schatulle, in deren Inhalt Naschwerk verwahrt wurde, das ewige Schönheit verlieh, zu Pluto in den Hades zu tragen. Das holde Wesen stieg auf einen hohen Turm, um sich hinabzustürzen, denn es kannte keinen anderen Weg zur Hölle. Da ertönte eine glockenhelle Stimme: „Warum, holde Psyche, willst du dich so der Welt entreißen? Es ist zwar der kürzeste Weg ins Reich des Pluto, aber ohne Wiederkehr. Ich will dir einen anderen Weg weisen, aber du darfst nicht mit leeren Händen gehen. In jeder Hand mußt du eine Schale voll aphrodisischer Götterspeisen tragen und dich durch nichts stören lassen. Ein großer Hund wird dich durch tiefe Tunnel geleiten und du wirst viele Fallstricke treffen, suche deine Desserts gut zu schützen. Alsdann wirst du einem Riesen begegnen, der die Pforten bewacht. Ihm reiche die Götterspeisen, dann läßt er dich vorbei. Eins noch merke dir, öffne nicht die Schatulle!"

Alsdann tat Psyche so, wie ihr von der Unbekannten geraten war. Als sie den Weg zurückgelegt hatte, sagte sie zu sich: „Was bin ich für eine Törin! Ich habe so einen Schatz bei mir und mache keinen Gebrauch. Wenn ich nur ein wenig davon nasche, wird Aphrodite nichts merken. Aber mir wird es reichen, mich in den Augen meines Geliebten schöner zu machen. Danach will ich zu Pluto eilen. Psyche öffnete die Schatulle – und verfiel in einen tödlichen Schlummer. Eros, in heißer Liebe zu Psyche entbrannt, fand so seine Geliebte. Rasch schloß er die Schatulle, erweckte Psyche mit einem Becher voll Honiglabsal und schalt sie ob ihrer Neugier.

Er eilte zu den Göttern und erbat Vergebung für Psyche und die Erlaubnis, sich mit dem sterblichen Mädchen, das seiner Liebe und Umarmung wert sei, zu vermählen. Zeus befahl, Psyche in den Olymp zu führen. Als er das zarte, schöne Mägdelein sah, reichte er ihr selbst voll Bewunderung Nektar und Ambrosia und rief wohlwollend und gönnerhaft: „Psyche, sei unsterblich! Eros trenne sich nie von seinem Bündnis!“ Und es ward ein großes Fest gefeiert.

Aphrodisische Leckerei

1 l Sahne, 6 Eigelb, $^1/_4$ l Quittensaft, Honig nach Geschmack, 25 g Gelatine.

$^1/_2$ Liter Sahne mit Eigelb, Quittensaft und Honig auf kleiner Flamme zu einer Krem verrühren und die aufgelöste Gelatine zufügen. Erkalten lassen. Dann die restliche geschlagene Sahne unterheben. Die Krem in eine Schüssel füllen und mit Biskuits garnieren.

Götterspeise der Aphrodite

250 g Pumpernickel, 4 Eßl. Rum, $^1/_8$ l Johannisbeersüßmost, 1 Päckchen Vanillinzucker, 1 Eßl. Zitronensaft, 500 g gemischte Beerenfrüchte, 500 g Quark, 1 Vanilleschote, abgeriebene Schale einer Zitrone, 3 Eßl. Honig, $^1/_4$ l Schlagsahne.

Pumpernickel möglichst fein in eine Glasschüssel bröseln, mit Rum beträufeln und abdecken. Süßmost mit Vanillinzucker und Zitronensaft erhitzen, die vorbereiteten Beeren hineingeben (nicht kochen). Alles abgekühlt über den Pumpernickel gießen. Den Quark mit dem ausgekratzten Mark der Vanilleschote, der abgeriebenen Zitronenschale und dem Honig verrühren. Die Sahne steif schlagen und unter den Quark ziehen. Die Masse über die Beeren füllen. Mit Beeren garnieren. Sehr kühl servieren.

Teemilch-Götterspeise

4 Eßl. starker Teeaufguß, 1/4 l Milch,
1/4 l Sahne, 1/2 Zitrone, 2 Eßl. Honig,
30 g Gelatine.

Den Teeaufguß in heiße Milch und Sahne geben, mit Zitrone und Honig abschmecken, die aufgelöste Gelatine unterrühren, kalt stellen.

Götterspeise mit Mandeln

1 l Milch, 100 g Honig,
3 gemahlene bittere Mandeln,
1 Päckchen Vanillinzucker,
45 g rote Gelatine.

In die Milch den Honig, die Mandeln und den Vanillinzucker einrühren und alles zum Kochen bringen. Dann die aufgelöste Gelatine unterrühren. Die Masse in eine ausgespülte Porzellanform füllen und erstarren lassen. Mit Fruchtsaft servieren.

Begrüßungskuß der Aphrodite

8 Eigelb, 100 g Honig, 1 Zitrone,
½ l Weißwein.

Die Eigelb verschlagen und mit Honig, Zitronensaft und Weißwein vermengen. Im Wasserbad die Krem schaumig schlagen. In Gläsern oder Glasschalen anrichten.

Milch-Mandel-Eierschnee

125 g geriebene Mandeln, 2 Eßl. Honig,
1 l Milch, 30 g Gelatine,
4 Eiweiß.

Die Mandeln mit warmer Honigmilch übergießen und 1 Stunde ziehen lassen. Die Milch durch ein Tuch gießen, aufgelöste Gelatine unterrühren und vor dem Erstarren Eischnee unterheben.
Anstelle von Mandeln können auch Haselnüsse verwendet werden.

Honigmilchgelee

1 l Milch, 100 g Honig, 30 g Gelatine.

Die heiße Milch mit Honig und eingeweichter Gelatine verrühren, in eine Schale füllen und gelieren lassen.

Mandelmilchgelee

200 g Mandeln, 1 l Milch, 100 g Honig, 30 g Gelatine, ¼ l Schlagsahne.

Die abgezogenen Mandeln in der Mandelmühle fein mahlen. In kochender Milch 1 Stunde ziehen lassen. Danach mit Honig und eingeweichter Gelatine verrühren. Vor dem Erstarren das Mandelgelee mit geschlagener Sahne verrühren.

Rosinenspeise

200 g Rosinen, 250 g Weißbrot, ¾ l Bier, 2 Eßl. Honig, 1 Eßl. Mehl, 2 Eigelb, etwas Zimt.

Rosinen und Weißbrot in ½ Liter Wasser kurz aufkochen, Bier, Honig und das mit etwas Wasser verrührte Mehl zufügen und alles unter

Rühren aufkochen lassen. Vor dem Auftragen Eigelb und Zimt unterrühren. Nach Belieben geröstete Mandelsplitter daraufgeben.

Befeuerndes Dessert

200 g gemahlene Wal- oder Haselnüsse, ½ l Sahne, 150 g Honig, 50 g Gelatine.

Die Nüsse in der Sahne mit dem Honig 30 Minuten kochen, dann durch ein Sieb streichen. Zuletzt die aufgelöste Gelatine unterrühren. Die Masse in eine Schale füllen und erstarren lassen.

Haselnußkrem

200 g geröstete Haselnüsse, ¼ l Sahne, 30 g Gelatine, 2 Eßl. Honig.

Die Haselnüsse fein reiben und zu der mit aufgelöster Gelatine verrührten Schlagsahne geben. Honig zufügen, alles erstarren lassen.

Freudenbrei

*50 g Gerstenmehl, etwas Salz,
50 g Butter, 2 Eßl. Honig, ½ Teel. Zimt,
½ l Sahne.*

Zu 1½ Liter Wasser das Mehl und etwas Salz einrühren und unter Rühren einen steifen Brei kochen. Den Brei in eine Schüssel füllen und mit zerlassener Butter und mit Honig und Zimt erhitzter Sahne übergießen.

Fladen mit Mandelkruste

*½ Teel. Salz, 5 Eßl. Honig,
250 g Grieß, 60 g Butter, 100 g Mandelsplitter, 750 g Pflaumen, 1 Teel. Zimt,
4 Eßl. Sherry.*

Einen Liter Wasser mit Salz und 1 Eßlöffel Honig aufkochen, den Grieß unter Rühren einrieseln lassen. Etwa 5 Minuten unter Rühren kochen. Danach etwa 15 Minuten ausquellen lassen, ab und zu umrühren. Eine flache Auflaufform dünn ausbuttern, die Masse einfüllen und glattstreichen. Mit einem Holzlöffel Vertiefungen in die Oberfläche drücken. Die Mandelsplitter in der restlichen Butter mit 2 Eßlöffel Honig kurz andünsten und auf der Grießmasse verteilen. Etwa 25 Minuten goldbraun backen. Inzwischen die Pflaumen waschen und entsteinen. Mit dem restlichen Honig, Zimt und Sherry verrühren und Saft ziehen lassen. Kalt zum heißen Auflauf servieren und nach Belieben Schlagsahne dazu reichen.

Brotpudding

60 g Butter, 100 g Honig, 2 Eier,
250 g Schwarzbrot, 2 Eßl. Rotwein,
20 g Sultaninen, 1 Messerspitze Zimt.

Zerlassene Butter, Honig und Eigelb schaumig rühren, danach mit dem geriebenen Brot, Rotwein, Sultaninen und Zimt vermengen. Zuletzt Eischnee unterziehen und den Pudding im Wasserbad im Ofen ½ Stunde kochen.

Sagobrei

80 g Sago, ¼ l Sahne, 40 g Butter,
2 Eigelb, 2 Eßl. Honig.

Sago in ½ Liter Wasser und der Sahne aufkochen und ausquellen lassen, dann zerlassene Butter, Eigelb und Honig darunterziehen.

Äpfel auf Wacholdersahne

50 g Zucker, 1/8 l Weißwein,
4 Eßl. Zitronensaft, 2 große Äpfel,
1 Teel. Wacholderbeeren,
1/8 l Schlagsahne, 4 Eßl. Heidelbeeren,
4 Teel. Honig, 1 Packung Vanilleeis.

Den Zucker zu goldbraunem Karamel schmelzen lassen. Dann ganz vorsichtig Weißwein und Zitronensaft zugießen und bei milder Hitze kochen, bis sich der hart gewordene Karamel gelöst hat. Inzwischen die Äpfel schälen und in Viertel schneiden, die Kerngehäuse entfernen. Die Apfelviertel in je 3 Längsspalten schneiden. In den Karamelsud geben und bei milder Hitze ca. 5 Minuten glasig dünsten. Dabei einmal wenden. Dann mit der Schaumkelle herausnehmen und abtropfen lassen. Die Wacholderbeeren zerdrücken und mit der Sahne zu dem Sud geben. Etwa 5 Minuten bei starker Hitze im offenen Topf unter Rühren einkochen. Dann durch ein feines Sieb abgießen. Honig zufügen. Die Soße schaumig schlagen. Auf 4 große Teller verteilen. Die Äpfel darauf anrichten. Heidelbeeren ebenfalls auf die Teller verteilen. Zuletzt Eis zugeben.

Quittengelee

1½ kg Quitten, ¾ l Weißwein,
1½ kg Zucker, Schale von 2 Zitronen.

Die Quitten mit einem sauberen Tuch gründlich abreiben, mit Schale und Kernen in Spalten schneiden. Quittenspalten mit 1 Liter Wasser und dem Weißwein zum Kochen bringen, in 40 Minuten weich kochen. Alles zusammen abkühlen und über Nacht stehen lassen. Am nächsten Tag auf ein Tuch geben und den Saft ablaufen lassen. Zuletzt das Tuch langsam zusammendrücken, um noch möglichst viel Saft aus der Masse herauszupressen. Zucker dazugeben. Zitronen hauchdünn abschälen, zum Saft geben. Saft bis zur Gelierprobe einkochen, etwa 40 Minuten. Zitronenschale herausnehmen, das Gelee heiß in saubere Gläser füllen, Gläser sofort mit Deckeln verschließen.

Feigen-Dessert

500 g getrocknete Feigen, 125 g Honig,
Saft einer halben Zitrone, ½ l Rotwein.

Die Feigen in ½ Liter Wasser mit Honig und Zitronensaft 2 Stunden leise kochen lassen. Den

Wein zugeben, erkalten lassen und in Gläsern servieren. Zur Verfeinerung geröstete Nüsse daraufgeben.

Preiselbeerküßchen

250 g Preiselbeeren, 5½ Eßl. Honig, 1 Eßl. Zitronensaft, 5 Eßl. Milch, 20 g Hefe, 300 g Mehl, 150 g Butter, Salz, 1 Ei, 1 Eigelb, 1 Teel. abgeriebene Zitronenschale.

Die Preiselbeeren verlesen, abbrausen und abtropfen lassen. 150 Gramm Beeren mit 2 Eßlöffeln Honig und Zitronensaft 5 Minuten leise kochen, pürieren, durch ein Sieb streichen und kalt stellen. Die restlichen Beeren mit 1 Eßlöffel Honig zu Mus verkochen, abkühlen lassen. Die Milch mit 2 Eßlöffeln Wasser erwärmen, ½ Eßlöffel Honig und Hefe darin auflösen. Mit Mehl, 75 g zerlassener Butter, Salz, Ei, Eigelb, Zitronenschale und dem restlichen Honig verkneten, zugedeckt 10 Minuten gehen lassen. Eine Teigplatte von 24 cm × 24 cm ausrollen, in 24 Stücke schneiden (6 cm × 4 cm), die Stücke mit Preiselbeermus bestreichen und aufrollen. Die Röllchen in die restliche, zerlassene Butter tauchen, in eine Springform setzen, mit Butter beträufeln. Etwa 30 Minuten bei Mittelhitze backen. Die Buchteln trennen, halb in Preiselbeersoße tauchen, auf Teller setzen, mit Soße umgießen und servieren.

Zitronengelee

1 l Weißwein, 200 g Honig, Saft von 2 Zitronen, 4 Eigelb, 40 g Gelatine, ½ l Schlagsahne.

Weißwein, Honig, Zitronensaft mit Eigelb und eingeweichter Gelatine verrühren. Die Masse kalt stellen und vor dem Erstarren geschlagene Sahne untermischen.

Süßer Rausch

10 Äpfel, 150 g Korinthen, ¾ l Weißwein, 100 g Honig, Saft von einer Zitrone, etwas Zimt, 250 g Zucker.

Die Äpfel schälen, das Kerngehäuse entfernen, dann feine Scheiben schneiden. Ein Drittel der Apfelscheiben mit den Korinthen, ⅛ Liter Wein, Honig und Zitronensaft kurz dämpfen und dann kalt stellen. Die übrigen Apfelscheiben in 1½ Liter Wasser mit etwas Zitronenschale und Zimt kochen, duch ein Sieb streichen und mit dem restlichen Wein und dem Zucker vermischen. Diese Masse über den gedämpften Apfelscheiben anrichten.

Rote Schaumspeise

¾ l Johannisbeersaft, ¼ l Rotwein,
125 g Stärkemehl, 6 Eiweiß,
etwas Honig.

Saft und Rotwein zum Kochen bringen, das mit etwas Wasser angerührte Stärkemehl unterrühren und alles aufkochen lassen. Den Topf vom Feuer nehmen, Honig und Eischnee unterheben und alles noch einmal aufkochen lassen.

Götter-Wein-Gelee

1 l Weißwein, ½ l starker Tee,
½ l Wasser, Saft und abgeriebene Schale
von 2 Zitronen stark mit Honig versüßt,
1 Gläschen Rum, 100 g rote Gelatine.

Außer den beiden letzten Teilen alles zum Kochen bringen. Dann den Rum und die aufgelöste Gelatine darunter rühren.

Gebläht vor Stolz
preist Poseidon
schmackhafte Meereswesen…

In der Schar unzähliger Genien, die mit wahrem Genuß an Zeus' Tafel die schmackhaftesten Fischkreationen Poseidons speisten, war auch Hypnos, der dunkle Schlaf. „Warum langst du nicht zu, warum speisest du nicht von Poseidons berühmter Mandel-Forelle, mundet sie dir nicht?" wollte Zeus von ihm wissen. Der Schlaf schüttelte den Kopf: „Wie soll es mir schmecken unter meinen glänzenden, tüchtigen Brüdern? Welche Figur mache ich im Chor der Freuden, der Scherze, der Gaukelspiele Eros', neben Artemis, Aphrodite, Poseidon, Hera, Ganymed, die euch diese Genüsse auf die Tafel brachten. Mag sein, daß ich dem Müden recht bin. Aber was ist mit denen, die nie ermüden, denen ich nur die Freuden zerstöre?" „Da irrst du", sprach Zeus, „in deiner dunklen ruhigen Gestalt wirst du bald der beliebteste Genius sein. Auch Scherze und Freuden ermüden, Sattheit wird zur grausamsten Langeweile. Du sollst nicht ohne Vergnügen sein, sondern sogar deine Brüder übertreffen!" Und Zeus reichte ihm das silberne Horn anmutiger Träume. „Aus ihm blase Schlummertausäfte aus unseren Himmelsfluren, die mit unsterblichem Nektar gefüllt wurden, gib paradiesische Träume von Liebe und Glück, von prunkvollen Feiern, von köstlichen Speisen, von der Weite der Fluren, der Meere, von Sonne und Wind. Die Dichter werden dich besingen und die unschuldigste Schöne wird dich herbeisehnen. Und du darfst auf ihren Augenlidern schweben. Du wirst der süßeste, seligmachende Gott sein". Von da an war der Schlaf zufrieden und langte tüchtig zu vom Liebes- und Zitronenfisch, ergötzte sich an Nektar und Ambrosia und all den anderen Delikatessen, deren Wohlgerüche den Olymp durchströmten. Wie immer standen auf der Festtafel scharfe, würzige, fruchtige, liebliche, saftige, süße, pikante und leckere Speisen, gewürzt mit den verschiedensten Kräutlein ferner Zonen. Man sah und hörte: Es schmeckte den Göttern vortrefflich! Zeus aber sah wohlwollend in seine Götterrunde – und hielt sich an Poseidons raffinierte Crêpes.

Mandelforelle

4 Forellen, Saft einer Zitrone, Salz, 30 g Mehl, 100 g Butter, 125 g blättrig geschnittene Mandeln, 1 Teel. Honig, 1 Zitrone, Petersiliensträußchen.

Die vorbereiteten Forellen mit Zitronensaft beträufeln und mit etwas Salz würzen. 10 Minuten stehen lassen, dann in Mehl wenden. In der Pfanne die Hälfte der Butter erhitzen und die Forellen darin anbraten. Dann in die Pfanne die mit Honig vermengten Mandeln geben, die Forellen noch 5 Minuten pro Seite braten, in den Mandeln wenden und auf vorgewärmten Tellern anrichten. Mit den Mandeln bedecken. Die restliche Butter goldbraun werden lassen, über die Forellen gießen. Mit Zitronenscheibchen und Petersiliensträußchen garnieren.

Forelle in Wein

4 Forellen, Salz, 1 Zitrone, 100 g Butter, 1 l Weißwein, 4 Eigelb, 1 Eßl. Honig.

Die vorbereiteten Forellen leicht salzen, mit Zitronensaft einreiben und in einer ausgebutterten Kasserolle und Weißwein im Wasserbad gardünsten. Die übriggebliebene Flüssigkeit mit Eigelb, Butter und Honig verrühren und zur Forelle reichen.

Karpfen nach Götter-Art

750 g Karpfen, 1 Tasse Essig, Salz, 100 g Margarine, 100 g Wurzelwerk, 1 Zwiebel, $\frac{1}{2}$ l dunkles Bier, 4 Pfefferkörner, 1 Lorbeerblatt, 2 Gewürzkörner, 50 g Pflaumenmus, 50 g Honig, 50 g Pfefferkuchen, 6 getrocknete Pflaumen, 30 g Rosinen, 30 g abgezogene Mandeln, 40 g Nüsse.

Von dem frisch geschlachteten Karpfen das Blut auffangen und mit 1 Eßlöffel Essig verrühren, damit es nicht gerinnt. Den vorbereiteten Karpfen in Portionen schneiden, salzen, in erhitzter Margarine auf beiden Seiten anbraten, dann herausnehmen. In der restlichen Margarine das kleingeschnittene Wurzelwerk und die Zwiebel rösten, Blut und Bier aufgießen, Gewürze, Pflaumenmus, den restlichen Essig, Honig, etwas Salz und geriebenen Pfefferkuchen zugeben. Langsam durchkochen lassen, dann durchseihen. Die eingeweichten Pflaumen kleinschneiden, Rosinen, feingehackte Mandeln und Nüsse zugeben. Die Fischportionen in die Soße legen und 15 Minuten garen. Den Karpfen 24 Stunden kühl stellen, dann erwärmen und servieren.

Zitronenfisch

2 kg See- oder Süßwasserfisch mit Kopf (kein Filet – möglichst einen großen Fisch), Salz, 80 g Öl, 4 Knoblauchzehen, Saft von 4 Zitronen, Pfeffer, 50 g Honig, Petersilie, 1 Tomate, 1 gare Möhre.

Den Fisch ausnehmen, die Flossen abschneiden und ihn gut schuppen, die Bauchhöhle sauber reinigen. Aus dem Kopf die Kiemen restlos entfernen. Alles gut abspülen, Portionsstücke schneiden, diese in eine Porzellanschüssel legen und mit Salz einreiben. 20 bis 30 Minuten einwirken lassen. Während dieser Zeit im Öl die halbierten Knoblauchzehen anbraten. Sie können in Öl bleiben oder – wenn das Knoblaucharoma nicht so intensiv gewünscht wird – herausgenommen werden. Von den Fischportionen unter fließendem Wasser kurz das Salz abspülen und sie dann nebeneinander in das Knoblauchöl legen. Zum Öl so viel kaltes Wasser gießen, daß die Fischstücke gerade bedeckt sind. Den Zitronensaft hinzufügen und mit Salz und Pfeffer würzen. Den Topf zudecken, alles kurz aufkochen lassen und dann auf kleiner Flamme 20 Minuten mehr ziehen als kochen lassen. Anschließend die Fischportionen vorsichtig in die Form legen. Den Sud auf starker Flamme noch etwas einkochen lassen, mit Honig abschmecken und dann über die Fischportionen gießen. Ist der Sud abgekühlt, geliert er leicht. Mit Tomatenscheiben, Petersilie und Möhrenscheiben garnieren.

Liebesfisch

750 g Hecht, Salz, Pfeffer, 100 g Butter,
1 Eßl. Mehl, $^1/_4$ l Sahne,
100 g frische Pilze, 2 Eigelb,
1 Eßl. Honig, Zitronensaft.

Hecht filetieren und portionieren, salzen, pfeffern und in etwas Butter anbraten. Dann herausnehmen und in dem Bratfett Mehl anschwitzen, die restliche Butter zugeben, rösten und mit Sahne andicken. Die Soße gut verrühren und die vorbereiteten, zerkleinerten Pilze und die Fischportionen zugeben. Alles etwa 10 Minuten dünsten. Zuletzt die Soße mit Eigelb, Honig und Zitronensaft abschmecken.

Fischfilet mit Weinsoße

750 g Fischfilet, Salz, Zitronensaft,
50 g Butter.
Für die Soße:
$^1/_4$ l Weißwein, 3 Eigelb,
1 Teel. Stärkemehl, 50 g Butter,
Salz, 1 Eßl. Honig,
Zitronensaft.

Den Fisch in Portionen schneiden, salzen und mit Zitronensaft beträufeln. Die Fischstücke in eine feuerfeste Schüssel schichten, mit Butterflöckchen bedecken, etwas Wasser zugießen und zugedeckt etwa 15 Minuten dünsten. In einem Töpfchen den Wein, die Eigelb und das in kaltem Wasser verquirlte Stärkemehl schaumig schlagen. Das Gefäß ins Wasserbad stellen und unter Rühren erhitzen. Die restliche Butter zugeben und alles mit Honig, Zitronensaft und etwas Salz abschmecken. Den Fisch mit der Soße übergießen.

Überkrustete Schollen

4 Schollen, 1 Zitrone, Salz, Pfeffer, Mehl, 200 g Margarine, 75 g gemahlene Haselnüsse, 75 g Reibekäse, 1/4 l Sahne, 2 Eßl. Honig, 2 Eßl. Dessertwein, 2 Eßl. Semmelbrösel, Muskat, 4 Eßl. Preiselbeerkompott, 1 Teel. Meerrettich.

Die küchenfertig vorbereiteten Schollen (ohne Kopf) mit Zitronensaft beträufeln, mit Salz und Pfeffer würzen und in Mehl wenden. Die Hälfte der Margarine in die Fettpfanne der Backröhre geben, erhitzen, die Schollen hineinlegen und etwa 15 Minuten bei Mittelhitze braten, dann wenden. Nüsse, Käse, 4 Eßlöffel Sahne, Honig und Dessertwein miteinander verrühren. Diese Masse auf die Schollen streichen, mit Semmelbröseln und etwas geriebenem Muskat bestreuen. Die restliche flüssige Margarine darüberträufeln und die Schollen noch 15 Minuten backen, bis die Kruste eine goldgelbe Farbe hat. Inzwischen die Preiselbeeren mit Meerrettich verrühren, steifgeschlagene Sahne unterziehen. Die Preiselbeerkrem jeweils auf ein Salatblatt neben die Scholle geben.

Die berühmten Crêpes des Poseidon

Grundrezept für Crêpes

120 g Mehl, ¼ l Milch, 1/2 Teel. Salz, 4 Eier, 60 g Butter oder Öl.

Das Mehl mit Milch und Salz verrühren, die Eier untermischen. Den Teig 20 Minuten quellen lassen. Vor dem Backen den Teig jedesmal wieder gut umrühren. Zum Backen Butter in ein Pfännchen geben, heiß werden lassen, wenig Teig einfüllen, in der Pfanne schwenken, damit er sich gleichmäßig dünn verteilt, den Teig backen, bis er an der Oberfläche stumpf ist, dann die Crêpes wenden und von der anderen Seite backen.

Crêpes mit Krabben

1mal Grundrezept für Crêpes, 2 Eigelb, 100 g zerlassene Butter, 200 g Krabben, 1 Bund Dill, Salz, Pfeffer, 75 g Reibekäse.

Die Eigelb verschlagen und 1 Eßlöffel warmes Wasser dazugeben. Diese Mischung im Wasserbad erhitzen und so lange mit dem Schneebesen schlagen, bis die Masse hell wird. Die zerlassene Butter unterschlagen und die Krabben unterheben. Gehackten Dill unterrühren und alles mit Salz und Pfeffer abschmecken. Diese Krem auf den Crêpes verteilen, zusammenrollen, mit Reibekäse bestreuen und bei Mittelhitze etwa 10 Minuten überbacken.

Crêpes mit Kaviar

1mal Grundrezept für Crêpes,
100 g Kaviar, 250 g Quark, 2 Bund Dill,
Pfeffer.

Eiskalten Kaviar, Quark und gehackten Dill auf die Crêpes verteilen und sofort servieren. Nach Geschmack Pfeffer über Crêpes und die Füllung geben.

Himmlisch sind die Backwerke
der Göttin
der Morgenröte…

Die schöne, aber grausame Eris, die Göttin der Zwietracht, küßte so süß und lieblich, daß ein jeder, der davon kostete, an unstillbarem Herzeleid dahinsiechte. Sie küßte wahllos nach allen Seiten und erfreute sich herzlos ihrer zahlreichen, liebeskranken Opfer.

Das wollte der Leibbäcker des Göttervaters Zeus nicht mehr mit ansehen. Er fragte: „Was gibst du mir, wenn ich aus deinen leidenden Mannen wieder fröhliche Jünglinge mache?" Zeus versprach ihm Kraft, Frohsinn, ein Leben ohne Sorgen – und die Ernennung zum Oberleibbäcker. Daraufhin begab sich der schlaue Bäcker eilig, denn er wollte keine Zeit verlieren, zur Göttin der Morgenröte. Recht geschickt erschmeichelte er ein Rezept von einer Torte, von der er wußte, daß sie so süß, so lieblich, so zart, so schmelzend war – und vieltausendmal besser schmeckte als ein Kuß von der grausamen Eris.

Die liebeskranken Jünglinge probierten davon, gesundeten und fanden plötzlich Küsse fade und geschmacklos. Sie bekamen wieder Kraft, liebten das Leben – und wurden ein bißchen rundlicher, denn fortan verwöhnte sie der Oberleibbäcker immer mehr.

Torte der Göttin der Morgenröte

Für den Brandteig:
125 g Butter, 1 Prise Salz, 1 Prise Zucker, 125 g Zucker, 5 Eier.
Für den Mürbeteig:
150 g Mehl, 50 g Zucker, 50 g gemahlene Mandeln, 80 g Butter, 1 Prise Salz, etwas abgeriebene Zitronenschale, 1 Ei.
Für den Belag:
1 Glas Sauerkirschen (etwa 700 g), 30 g Stärkemehl, 1 Prise Zimt, 100 g Honig.
Für die Krem:
7 Eier, 3 Vanilleschoten, 2 Päckchen Gelatine (60 g), 185 g Zucker, $\frac{3}{8}$ l Milch, 1 Prise Salz, $\frac{3}{4}$ l Schlagsahne, 4 cl Rum.
Als Garnierung:
Mandelblättchen und kandierte Veilchen.

Für den Brandteig $\frac{1}{4}$ Liter Wasser, Butter, Salz und Zucker in einem Topf zum Kochen bringen. Das Mehl dazugeben, kräftig rühren, bis sich ein Kloß bildet und vom Topfrand löst. Den Topf vom Herd nehmen, die Eier nacheinander unter die Masse rühren. Ein Backblech ausfetten und bemehlen. Den Ring einer Springform darauflegen und den Umriß vorzeichnen.

Ein Drittel der Teigmasse in den Kreis streichen und bei Mittelhitze etwa 15 Minuten backen. Danach den Boden umdrehen und noch 3 Minuten backen, dann auskühlen lassen. Noch 2 weitere Böden auf diese Weise backen. Den Ring der Springform auf jeden Boden setzen und rundum den Rand glattschneiden.

Für den Mürbeteig das Mehl auf die Arbeitsfläche schütten und in die Mitte eine Mulde drücken, Zucker, Mandelmasse, Butter, Salz und abgeriebene Zitronenschale in der Mehlmulde verkneten. Das Ei zufügen und mit dem Mehl unter die andere Masse kneten. Den Teig 15 Minuten kühl stellen. Auf der bemehlten Arbeitsfläche ausrollen und mit dem Ring der Springform ausstechen. Im vorgeheizten Ofen bei Mittelhitze ca. 15 Minuten backen. Danach auskühlen lassen.

Für den Belag die Sauerkirschen in einem Sieb abtropfen lassen, den Saft aufheben. Das Stärkemehl mit der Hälfte der Saftmenge verrühren. Den restlichen Saft mit Zimt und Honig zum Kochen bringen, mit dem angerührten Stärkemehl binden. Die Kirschen zugeben, noch einmal unter Rühren aufkochen, dann abkühlen lassen.

Für die Rumkrem die Eier trennen, Vanilleschoten aufschneiden, das Mark herauskratzen. Gelatine nach Vorschrift zubereiten. 90 Gramm Zucker und die Eigelb zu einer dicklichen Masse schlagen. Milch mit Vanillemark, Salz und dem restlichen Zucker zum Kochen bringen, die Hälfte davon unter die Eimasse schlagen. Diese angerührte Eimasse unter die restliche Milch rühren, bis eine dickliche Krem entsteht. Gelatine unterrühren und die Krem erkalten, aber nicht zu fest werden lassen. Die Sahne steif schlagen und mit dem Rum unterheben.

Den Mürbeteigboden auf eine Kuchenplatte setzen, das Kirschkompott daraufstreichen. Einen Brandteigboden auf die Kirschen drükken. Die Hälfte der Rumkrem daraufstreichen, den zweiten Boden auf die Krem drücken. Die restliche Krem daraufstreichen und den dritten Boden vorsichtig darauflegen. Über Nacht in den Kühlschrank stellen. Mandelblättchen in einer Pfanne ohne Fett rösten. Die Blättchen rundherum um den Tortenrand drücken. Die Oberfläche mit Puderzucker bestäuben und mit kandierten Veilchen belegen.

Kandierte Veilchen

30 Veilchenblütenblätter, 200 g Zucker.

Gewaschene, abgetropfte Veilchenblütenblätter, an denen noch ein Stückchen Stengel ist, in ein Pfännchen legen. Den Zucker bei etwa 37° C mit etwas Wasser zum Schmelzen bringen und über die Veilchen gießen. Die Blumen etwa 12 Stunden in der Lösung ziehen lassen. Danach mit einer Pinzette herausnehmen und in einem Sieb abtropfen lassen.

Götterkuchen

1 l Honig, 500 g Zucker,
375 g feingeschnittene Mandeln,
125 g kleingeschnittenes Zitronat,
Orangeat, etwas Zimt, 2 Eßl. Rum,
eine Messerspitze Pottasche, 1 kg Mehl.

Den Honig erhitzen, Zucker, Mandeln, Zitronat, Orangeat, Zimt, Rum und Pottasche unterrühren. Nach und nach das Mehl einrühren und den Teig einige Stunden ruhen lassen. Danach den Teig fingerdick ausrollen, kleine Formen ausstechen und über Nacht liegen lassen. Dann bei Mittelhitze backen.

Frühlingshymne

300 g Mehl, 25 g Hefe, ¼ l Milch,
150 g Butter, 40 g Zucker, 1 Päckchen
Vanillinzucker, 1 Prise Salz, etwas
abgeriebene Zitronenschale, 4 Eigelb,
2 Eier.
Für den Sud:
¼ l Weißwein, 4 Eßl. Honig,
4 cl Orangenlikör, 4 cl Himbeergeist.
Füllung:
1 kg Rhabarber, ⅜ l Weißwein,
150 g Zucker, 1 kg Erdbeeren.
Für die Soße:
450 g Johannisbeergelee,
4 cl Orangenlikör.
Zum Bestreichen:
200 g Aprikosenmarmelade.

Einen Hefeteig zubereiten, er muß glatt, glänzend, aber ziemlich flüssig sein. Den Teig in eine mit Fett ausgepinselte, mit Mehl bestäubte

Ringform füllen und noch 6 bis 8 Minuten gehen lassen. Etwa 30 bis 35 Minuten bei mittlerer Hitze backen. Auf einem Kuchengitter auskühlen lassen, dann den Savarin stürzen. Für den Sud den Weißwein und den Honig mit ⅛ Liter Wasser aufkochen. Etwas abkühlen lassen. Orangenlikör und Himbeergeist unterrühren, in eine Schüssel gießen und den Savarin mit der runden Seite hineinlegen. Nach 10 Minuten umdrehen und so lange darin liegen lassen, bis die Flüssigkeit eingegangen ist. Für die Füllung den vorbereiteten Rhabarber in 2 bis 3 cm lange Stücke schneiden. Weißwein mit Zucker aufkochen, den Rhabarber darin 4 bis 5 Minuten sieden lassen. In einem Durchschlag abtropfen lassen. Die vorbereiteten Erdbeeren halbieren. Für die Soße das Johannisbeergelee aufkochen, im kalten Wasserbad glattrühren und den Orangenlikör unterziehen. Die Aprikosenmarmelade mit 2 Eßlöffeln Wasser aufkochen, dann durch ein Sieb streichen. Die Oberfläche des Savarins mehrmals damit bestreichen. Den Savarin auf einer Platte anrichten, die Früchte in die Mitte schichten und mit Johannisbeersoße übergießen. Dazu nach Belieben Schlagsahne servieren.

Unschuldsräuber

4 Eiweiß, 125 g Honig, 100 g Zucker,
80 g Mehl, etwas Butter,
75 g feingeschnittene Mandeln.

Die Eiweiß zu festem Schnee schlagen, mit Honig und Zucker 20 Minuten lang verrühren, dann das Mehl untermischen. Die Masse auf ein gebuttertes Tortenblech streichen, mit den Mandeln bestreuen, bei mäßiger Hitze backen.

Süße Roulade

4 Eier, 200 g Honig, 120 g Mehl, etwas
Natron, 1 Päckchen Vanillinzucker,
Fett, Konfitüre, Puderzucker.

Aus dem Eiweiß steifen Schnee schlagen. Die Eigelb verrühren und den zerlassenen, ausgekühlten Honig zugießen, zusammen mit dem Schnee verrühren. Mehl, Natron und Vanillinzucker zugeben. Ein Blech fetten, mit Mehl bestäuben, den Teig daraufgießen und in der warmen Röhre backen. Danach auf ein mit Mehl bestreutes Brett stürzen und mit Konfitüre bestreichen. Noch warm einrollen und mit Puderzucker bestreuen.

REZEPTVERZEICHNIS

REZEPTVERZEICHNIS

REZEPTVERZEICHNIS